洪抒佑／著　陳品芳／譯

低醣酪梨食譜

22道家常菜．4道甜點．4款常備醬，
完整收錄30種酪梨新吃法

\ IG最夯綠料理 /

全世界都在吃，酪梨讓你更健康！

　　原本只在早午餐店或咖啡廳內較容易吃到的綠色食物，不知從何時開始，也能在一般餐廳或日式餐廳中看到，甚至還成立了專賣店，成為網友心目中的熱門打卡美食標籤。除了橫掃社群平台，也被連鎖咖啡廳做成飲品，即使價格昂貴也賣到缺貨的人氣新寵兒。

　　沒錯，它就是酪梨。

不光是韓國，我們甚至可以説全世界都正陷入「酪梨狂熱」中。我當然也為酪梨狂熱。擔任餐飲總監的我，自然不可能不被酪梨的魅力所迷惑。跟任何一種食材都能搭配，有著香濃順口的味道，而酪梨的獨特色彩，不但適合擺盤，更容易擄獲眾人的目光，成為焦點。

即便如此，依然有不少人對酪梨存有疑惑，像是：

「完全不知道酪梨原本的味道！」
「挑選、處理都不簡單的食物！」
「沒辦法做出多變的菜色吧？」

所以我覺得，自己有責任要親自告訴大家，酪梨的魅力到底在哪裡！

這本書介紹 30 道運用酪梨入菜的食譜，都是能輕鬆在家做出的美味菜色。同時我也會教大家，該如何辨別酪梨的熟成程度，即「後熟作用」（通常指水果在採收後，後續產生的現象），以及簡單的酪梨處理方法。

　　書中都是簡單又能顧及視覺享受的美味食譜，也適合一個人想吃頓好料時使用。如果覺得自己好像吃太多速食了，不妨用書裡的食譜，讓自己更健康吧！或是邀請朋友作客時，以書中收錄的食譜招待對方，讓朋友們也能感受你為了接待他們所費的心思。即使週末睡到很晚才起床，這些食譜也能讓你在短時間內就享受到美味的早午餐。

　　今天也試著讓自己的餐桌上，多出一道酪梨料理吧！想必原本平凡的一天，將會因此變得更特別。

洪抒佑

CONTENTS

SALADS

沙拉

APPETIZERS

開胃菜

TOASTS & SANDWICHES

吐司&三明治

- 本書的食譜分量以 2 人份為主，若只需做 1 人份，食材減半即可。
- 調味料皆可依個人喜好增減。

DRINK & DESSERTS

飲品＆甜點

RICE & NOODLE

飯＆麵

超級食物──酪梨

《時代雜誌》將酪梨列為「世界十大超級食物」之一，其功效多到無法一一列出，但本篇將介紹最重要的三種，包括：

•**能幫助減肥**

酪梨含有大量不飽和脂肪酸，可幫助分解膽固醇，並且藉著長時間維持飽足感來抑制食慾，對減肥很有幫助。

•**具有美容效果**

酪梨因為含有大量維生素 C，所以對肌膚很好，也有延緩老化的作用。

•**提升大腦及身體的活力**

酪梨中含量最高的營養素之一即維生素 E，可加速血液循環、預防貧血，也能維護大腦健康。更重要的是，對於保持活力有很好的效果喔！

挑選酪梨及保存的方法

　　最好挑選外皮沒有受損、蒂頭完好無缺,且發出光澤的酪梨。此外,酪梨因後熟作用,常會讓人不知道何時才能食用,因此我們可以從「外皮的顏色」來確定酪梨的熟成度。

　　外皮為草綠色的酪梨表示還不夠熟,建議放一週後再吃。外皮帶點綠褐色的酪梨則是熟得恰到好處,可做成沙拉或直接切開來吃。外皮呈現深褐色的酪梨,其果肉已經非常軟,如果想避免過熟,建議放進冰箱保存。

　　如果酪梨需要放置超過一週以上,建議剝掉外皮、去除籽之後,切成適當的大小,裝在夾鏈袋中以冷凍保存即可。

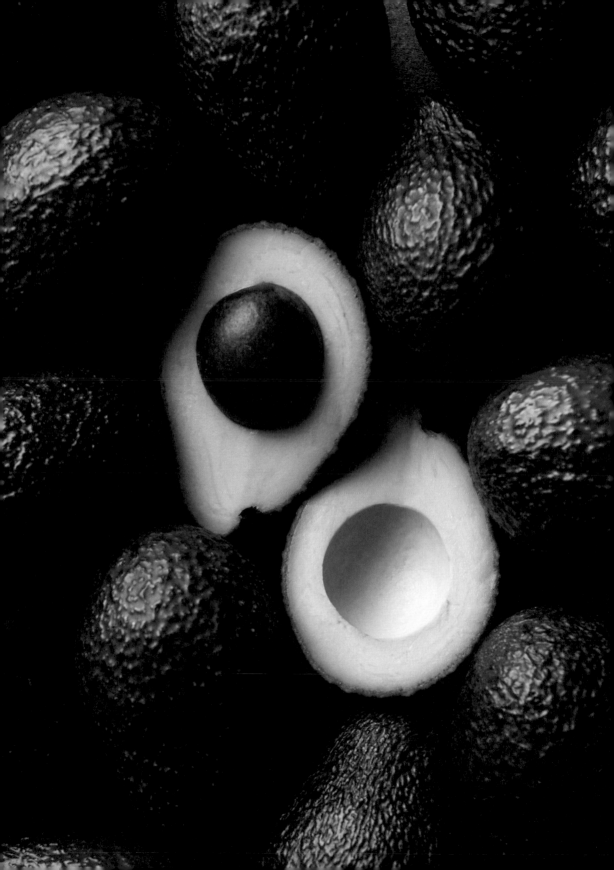

處理酪梨的方法

〔用刀處理〕

處理法

　　首先沿著酪梨籽的外緣，繞圈把酪梨切開。然後用雙手抓住酪梨，用扭轉方式把酪梨扭成一半。再把刀子插入酪梨籽中，稍微轉一下後，將籽跟果肉分離。

切片

　　將籽去除之後，把酪梨的果肉切片，再用湯匙
將果肉挖出。切片時注意不要連皮一起切，或是先
把皮削除後再切片。

切塊

　　把籽去除之後，可以先用刀子將果肉切成塊狀，然後再用湯匙把果肉挖出來。切的時候注意不要連皮一起切。

〔使用專門工具〕

　　如果想採用更方便及安全的處理方式，也可以使用「酪梨切片器」。酪梨切片器是由安全刀片、可去籽的夾子，和能夠剝皮的鏟勺組成。先用刀刃把酪梨切成兩半，用夾子把籽挖出來，然後如上方圖片所示，用鏟勺沿著外皮把酪梨的果肉跟皮分開。

Avocado

沙拉

SALADS

酪梨鮭魚沙拉 〔2 人份〕
Avocado Salmon Salad

試著以具有「高蛋白、低卡路里」功效的鮭魚搭配酪梨吧！除了在減肥時當作正餐享用，也很適合搭配葡萄酒。

沙拉

[食材]

酪梨	1 顆
鮭魚	250 克
蘿蔓	2 杯
黃瓜	1/2 根
番茄	1 顆
紅洋蔥	1/2 個
切碎的菲達起司	1/4 杯
切片橄欖	1/4 杯
檸檬	1/4 顆
食用油	適量
鹽	適量
黑胡椒	適量

[醬汁]

橄欖油	3 大匙
檸檬汁	2 大匙
巴薩米克醋	3 大匙
碎香芹	1 大匙
蒜泥	1/2 大匙
奧勒岡葉	適量
鹽	適量
黑胡椒	適量

作法

1. 拿一個小碗，倒入醬汁食材後調好醬汁。

2. 鮭魚用鹽巴稍微醃一下，然後倒入調好的醬汁（約一半），拌勻之後靜置 30 分鐘。

3. 用中火熱平底鍋，熱好之後倒入食用油，接著鮭魚下鍋，並
   倒入剩餘的醬汁，將鮭魚煎至外皮酥脆後盛盤。

4. 將酪梨對切，把籽挖掉之後再切片。把蘿蔓、黃瓜、番茄、
   紅洋蔥切成方便食用的大小。

5. 把步驟 4. 切好的食材裝在漂亮的盤子中,放上一片檸檬,再
把鮭魚切成方便食用的大小後,和菲達起司及橄欖一起撒在
沙拉上方。

酪梨葡萄柚沙拉 〔2人份〕
Avocado Grapefruit Salad

試著將對健康有益的葡萄柚和酪梨做成沙拉吧！將富含各種維生素的新鮮水果組合在一起，感到疲憊時享用對身體很好，也非常適合當作招待客人的開胃菜。

[食材]

酪梨	1 顆
葡萄柚	2 顆
沙拉用生菜	2 把
帕馬森乾酪	適量

[醬汁]

葡萄柚汁	1/4 杯
特級初榨橄欖油	1/4 杯
白巴薩米克醋	2 大匙
洋蔥丁	1 大匙
鹽	1/2 小匙
黑胡椒	適量

沙拉

作法

1. 將酪梨對切，去籽削皮後直切片。

2. 葡萄柚去皮後留下果肉。

27

3. 用自來水清洗沙拉用生菜，再將生菜瀝乾。

4. 拿一個碗，倒入醬汁食材後調好醬汁。

5

5. 拿一個大的沙拉盆，先倒入剛才處理好的食材再倒入醬汁，
   適度拌勻。用刨絲刀把帕瑪森乾酪刨碎，最後將乾酪撒在沙
   拉上方。

TIP
如果沒有帕瑪森乾酪，也可以用帕瑪森起司代替。

酪梨雞肉沙拉 〔2 人份〕

Avocado Chicken Greek Salad

這是在希臘夏季時流行的希臘式沙拉，是一道加入酪梨做成的沙拉料理。鮮脆的蔬菜加上濕軟的菲達起司與檸檬醬汁，能感受到豐富的地中海風情。

[食材]

酪梨	1 顆
雞胸肉	1 塊
蘿蔓	2 株
黃瓜	1 根
番茄	1 顆
青椒	1/4 個
洋蔥	1/4 個
菲達起司	50 克
無籽橄欖	30 克
食用油	適量

[醬汁]

初榨橄欖油	1/4 杯
檸檬汁	1/4 杯
巴薩米克醋	1 大匙
蒜泥	1/2 杯
奧勒岡葉	1/2 大匙
鹽	1 小匙
黑胡椒	適量

作法

1. 把醬汁食材倒入小碗中，調好醬汁。

2. 將 1/2 的醬汁淋在雞胸肉上，靜置 30 分鐘。

3. 以中火熱鍋，平底鍋熱了之後倒入食用油，將醃好的雞胸肉下鍋煎熟後盛盤。

4. 酪梨對切，把籽挖掉之後直切片；蘿蔓則切成方便食用的大小。

5. 黃瓜與番茄切塊；青椒和洋蔥切薄片。

6. 將菲達起司切碎,無籽橄欖則切片。

7. 把處理好的步驟 3.4.5. 食材盛盤,再撒上無籽橄欖及菲達起司,最後搭配剩下的 1/2 醬汁一起上桌。

酪梨覆盆子沙拉 〔2 人份〕

Avocado Raspberry Salad

想品嘗最原始的自然原味時，就試試在清淡爽口的酪梨沙拉裡加點覆盆子吧！酸甜的覆盆子搭配酪梨的清淡爽口，可幫助提振食慾。

[食材]

酪梨	1 顆
覆盆子	1 杯
沙拉用生菜	2 把
杏仁片	1 大匙

[醬汁]

初榨橄欖油	1/4 杯
檸檬汁	1/4 杯
白巴薩米克醋	2 大匙
蜂蜜	2 大匙
鹽	1/4 小匙
黑胡椒	適量

沙拉

作法

1. 把醬汁食材倒入小碗中，拌勻並調好醬汁。

2. 酪梨對切，籽挖出來、削皮之後再直切片。

3. 將酪梨、覆盆子、沙拉用生菜裝在碗裡，再淋上調好的醬汁後拌勻。

4. 將拌好的沙拉盛盤，最後撒上杏仁片就完成了。

培根酪梨馬鈴薯沙拉 〔2 人份〕

Bacon Avocado Potato Salad

鬆軟清淡的馬鈴薯搭配鹹味的培根，再加上有「森林奶油」之稱的酪梨和美乃滋醬，可說是全世界最完美的沙拉。週末早晨就泡杯咖啡，享受這頓早午餐吧！

[食材]

酪梨..1/2 顆
馬鈴薯....................................2 顆
培根..5 片
小番茄....................................1 杯
鹽..適量
食用油....................................適量

[醬汁]

醃黃瓜汁................................1 大匙
醋..1/2 大匙
美乃滋....................................1/2 杯
細香蔥末................................1/4 杯

沙拉

作法

1. 馬鈴薯放入滾水中，加點鹽燉煮，完全煮熟後再切成一口大小。

2. 醬汁材料倒入碗中，並調好醬汁。

3. 平底鍋倒入食用油，以中火熱鍋，鍋子熱好後將培根下鍋煎熟，再把煎熟的培根切碎。

4. 酪梨削皮、去籽後，切成和馬鈴薯相同的大小。

5. 小番茄對切，和酪梨、培根、馬鈴薯一起倒入沙拉盆裡，再
加入剩餘的 1/2 醬汁後拌勻即可。

Avocado

開胃菜

APPETIZERS

酪梨惡魔蛋 〔2 人份〕
Avocado Devild Egg

當最常見的水煮蛋遇上酪梨，就會變身成世界上最奇特的料理。只要將綠色的酪梨餡漂亮地擠在水煮蛋上，就是一道適合宴客的佳餚了。

[食材]

酪梨	1/2 顆
雞蛋	6 顆
美乃滋	1 大匙
檸檬汁	1 小匙
黃芥末醬	1 小匙
鹽	適量
黑胡椒	適量
蘆筍	6 根
培根丁	2 大匙
甜椒粉	適量

作法

1. 將雞蛋放入滾水煮 10 分鐘，直到煮成全熟蛋。

> TIP
> 蛋要煮之前，最好先放在室溫下退冰。

2. 把蛋浸泡在冷水裡，冷卻之後剝皮並切對半，將蛋黃和蛋白分開。

開胃菜

3. 酪梨削皮、去籽,再將果肉搗碎成泥。

4. 拿一個大碗,倒入酪梨泥、蛋黃、美乃滋、檸檬汁、黃芥末醬、鹽和黑胡椒,並全部拌在一起。

5. 將步驟 4. 的酪梨餡裝入擠花袋中,再擠入蛋白的凹槽中。

6

6. 蘆筍用平底鍋稍微煎一下，之後插進步驟 5. 的酪梨餡裡，最
　後再撒上培根丁和甜椒粉就完成了。

鮮蝦酪梨船 〔4 人份〕
Shrimp Avocado Boat

作法簡單、外型好看，讓鮮蝦酪梨船成為一道非常受歡迎的料理。試著用大量雞蛋、蝦子、番茄等對身體有益的食材來做吧！小心，可能會因為太美而捨不得吃喔！

[食材]

酪梨	2 顆
蝦仁	200 克
番茄	1/4 個
黃瓜	1/4 根
紅洋蔥	1/4 個
卡宴辣椒粉	少許
鹽	適量
黑胡椒	適量
萊姆汁	1 大匙

[雞尾酒醬汁]

橄欖油	4 大匙
番茄醬	2 大匙
醋	1 大匙
法式第戎芥末醬	1 大匙
伍斯特醬	1/2 大匙
塔巴斯科醬	1/2 大匙

作法

1. 酪梨對半切開，再削皮去籽。

2. 在碗中倒入醬汁食材，調好雞尾酒醬汁。

3. 將蝦仁、番茄、黃瓜、紅洋蔥切碎。

4. 將步驟 3. 的食材與雞尾酒醬汁、萊姆汁、卡宴辣椒粉、鹽
   和黑胡椒倒入碗中,均勻地拌在一起。

5. 把步驟 4. 拌好的餡料，漂亮地裝入處理好的酪梨中即可。

酥炸酪梨條 〔2 人份〕
Fried Avocado

將酪梨裹上麵衣後油炸，就變成一道外酥內軟又多汁的炸物了。搭配自製的沾醬後端上桌，最適合和啤酒一起大口享用！

[食材]

酪梨	1 顆
酥炸粉	1/4 杯
蛋汁	1/2 杯
麵包粉	1 杯
鹽	1 小匙
黑胡椒	適量
食用油	適量

[沾醬]

美乃滋	4 大匙
橄欖油	2 大匙
洋蔥丁	4 大匙
番茄醬	2 大匙
辣椒醬	2 大匙
甜辣醬	2 大匙
黑胡椒	適量

開胃菜

作法

1. 拿一個碗，倒入沾醬材料後調好醬汁，記得要拌勻。

2. 酪梨對切後削皮去籽，再把左右兩半切成四等分，用鹽和黑胡椒稍微醃一下。

3. 依照酥炸粉、蛋汁、麵包粉的順序,依序幫酪梨裹上麵衣。

4. 鍋中放入油,以 170℃預熱好,放入裹上麵衣的酪梨,炸至金黃色。

5. 炸好的酪梨起鍋後擺盤，再跟沾醬一起上桌即可。

炸肉丸佐酪梨醬 〔2 人份〕

Meatball with Avocado Dipping Sauce

酪梨能解油膩，非常適合各種油炸料理。炸肉丸口感清爽，是很受孩子喜愛的點心，如果搭配酪梨醬享用，除了美味還增添了健康。

[食材]

牛絞肉	150 克
豬絞肉	50 克
清酒	2 大匙
蘑菇	4 個
洋蔥	1/4 個
紅蘿蔔	1/4 個
蒜泥	1/2 大匙
雞蛋	1 個
麵包粉	4 杯
香芹粉	適量
帕馬森起司	適量
鹽	適量
黑胡椒	適量
奶油	1 大匙
橄欖油	適量

[蔬菜湯]

水	3 杯
洋蔥	1/2 個
大蔥	1 根
紅蘿蔔	1/4 根
月桂葉	1 片

[酪梨醬]

酪梨	1 顆（磨成泥）
原味希臘優格	1/4 杯
羅勒葉	1/2 杯（磨成泥）
墨西哥辣椒	1 根（切丁）
寡糖	1 大匙
檸檬汁	4 大匙
鹽	適量

作法

1. 將蔬菜湯的食材裝入鍋中，以中火燉煮 30 分鐘後備用。

2. 碗中倒入豬絞肉及牛絞肉，倒入清酒與黑胡椒後抓醃。

3. 蘑菇、洋蔥及紅蘿蔔都切碎，橄欖油倒入平底鍋中，放入剛才切碎的食材，加點鹽和黑胡椒調味後炒熟。

4. 把步驟 2. 跟步驟 3. 的食材倒入盆中，加入蒜泥、雞蛋、香芹粉、麵包粉，搓揉到肉泥變軟，然後再捏成肉丸形狀備用。接著將橄欖油倒入平底鍋，以中火熱鍋後再抹上奶油，放入肉丸煎至外皮變得有點焦黃。

5. 將肉丸放入步驟 1. 的蔬菜湯中，煮至肉丸完全熟透後即可起鍋。

6. 拿一個碗，倒入酪梨醬食材並調好醬料。

7. 肉丸盛盤，撒上刨碎的帕馬森起司，再搭配酪梨醬即可上桌。

酪梨培根捲 〔2 人份〕
Bacon Wrapped Avocado

把對身體有益的酪梨切開後,再單獨用培根捲起,一道美味的點心立即完成。可以是開胃菜,也可以當成下酒菜或消夜享用,還有比這更棒的選擇嗎?

[食材]	
酪梨	2 顆
培根	8 片
辣椒粉	1/4 小匙
鹽	1/4 小匙
黑胡椒	適量

開胃菜

作法

1. 酪梨削皮去籽後切對半,再將對半的酪梨各自直切成四等分。

2. 將培根直線對切開來,再用培根把酪梨捲起。

3. 將步驟 2. 捲好的酪梨放到烤盤上,均勻撒上辣椒粉、鹽、黑胡椒。

4. 放入用 210℃ 預熱好的烤箱裡,烤 20 分鐘即完成。

卡布里酪梨船 〔1 人份〕
Caprese Avocado Boat

品嘗這道料理時，能嘗到起司圓滾滾又有嚼勁的口感！試著用能一口吃的博康奇尼起司，來做美味的酪梨船吧！

[食材]

酪梨	1 顆
小番茄	1/2 杯
博康奇尼起司	60 克
青醬	1 大匙
蒜泥	1 小匙
橄欖油	2 大匙
鹽	適量
黑胡椒	適量
羅勒葉	2 片
巴薩米克醋	1 大匙

作法

1. 小番茄對切後，和起司一起裝在碗中，再加入青醬、蒜泥、橄欖油、鹽及黑胡椒拌勻。

2. 酪梨對切後削皮、去籽。

3. 把步驟 1. 的餡料漂亮地裝入酪梨的凹槽內，再撒上切碎的羅勒葉，最後淋上一點巴薩米克醋，酪梨船就完成了。

開胃菜

Avocado

吐司＆三明治

TOASTS & SANDWICHES

酪梨半熟蛋吐司 〔2 人份〕
Avocado Soft Boiled Egg Toast

半熟的蛋黃從綠色的酪梨切片上流下，光看就令人食指大動！在吐司上撒點清爽的檸檬皮，就是一道美味的早午餐了！

[食材]

酪梨	1 顆
雞蛋	4 顆
全麥吐司	2 片
羅勒葉	適量
檸檬汁	2 大匙
檸檬皮	適量
鹽	適量
黑胡椒	適量
初榨橄欖油	1 大匙
亞麻籽	1/2 大匙

吐司 & 三明治

作法

1. 將雞蛋放入滾水中煮約 6 分鐘。煮至半熟後，再放入冷水內泡 2 分鐘，撈出後將外殼剝除。

> TIP
> 蛋放入滾水煮前，請先在室溫下放一段時間。

2. 酪梨削皮、去籽後備用。

3. 將羅勒葉切碎。

4. 把酪梨放在大碗中搗碎,再加入檸檬皮、檸檬汁及羅勒葉後
   拌勻。

TIP
檸檬皮可用刨絲器刨檸檬的外皮,檸檬汁則可用手直接擠。

5. 把步驟 4. 的酪梨餡放到全麥吐司上，再放上 2 顆對切的半熟
   蛋，撒上鹽和胡椒調味，最後再淋上初榨橄欖油、撒上亞麻
   籽就完成了。

烤雞酪梨三明治 〔1 人份〕

Grilled Chicken Avocado Sandwich

只要在焦黃香脆的麵包搭配煙燻雞胸肉的經典三明治內，加入酪梨抹醬，就是一道口感清淡爽口的健康三明治！

[食材]

酪梨	1 顆
培根	4 片
三明治用麵包	3 片
煙燻雞胸肉	1 塊
洋蔥	1/4 個
沙拉蔬菜	2 片
橄欖油	2 大匙
美乃滋	2 大匙
鹽	適量
黑胡椒	適量
第戎芥末醬	1 大匙
食用油	適量

作法

1. 將油倒入以中火熱好的平底鍋內，接著培根下鍋煎熟後，再對切成兩半備用。

2. 將煙燻雞胸肉及洋蔥切成薄片。

3. 酪梨削皮、去籽後，放在料理盆中壓成泥。

4. 在步驟 3. 的酪梨泥中加入美乃滋和橄欖油，拌勻後再加鹽和
黑胡椒。

5

5. 麵包烤脆後,在其中一面抹上半匙第戎芥末醬,接著依序放
   上洋蔥、培根,再拿一片麵包,塗一層步驟 4. 的酪梨泥後,
   蓋在食材上,再擺上雞肉、沙拉蔬菜,最後再放上一片麵包
   就完成了。

TIP
麵包可先用烤箱烤過,或是用平底鍋乾煎。

法式吐司佐酪梨焙根 〔2 人份〕

French Toast with Avocado & Bacon

享用剛出爐又甜甜的法式吐司時，不如加點又香又順口的酪梨，讓口味更特別吧！搭配一杯牛奶或咖啡，一份美味的早餐就完成了。

[食材]

酪梨	1 顆
吐司	4 片
雞蛋	1 個
鮮奶油	50 毫升
無鹽奶油	10 克
培根	4 條
沙拉蔬菜	少許
鹽	適量
黑胡椒	適量
檸檬汁	2 大匙
橄欖油	2 大匙

[楓糖醬]

楓糖漿	4 大匙
甜椒粉	1/2 小匙

作法

1. 在碗中倒入楓糖漿和甜椒粉，調好楓糖醬。

2. 雞蛋跟鮮奶油倒入大鐵盤中攪拌，再將吐司均勻地裹上蛋汁。

吐司＆三明治

3. 無鹽奶油放入平底鍋，用中火熱鍋，等奶油融化之後吐司即可下鍋，煎至外皮金黃後備用。

4. 將培根放入平底鍋，煎至酥脆。

5. 酪梨削皮、去籽後，切成方便食用的大小。

6. 將兩片吐司疊放在盤子上，依序放上沙拉蔬菜與酪梨之後，
   再撒上鹽與黑胡椒調味，接著淋上檸檬汁與橄欖油。

7. 最後放上培根，再淋上步驟 1. 的楓糖醬即完成。

BLT 酪梨可頌堡 〔2 人份〕

Avocado Blt Croissant Sandwich

在烤得酥脆的可頌裡抹上美乃滋，再放入培根、酪梨、番茄和生菜，就是美味的 BLT 三明治。如果每天一直重複相同的菜色讓你有些厭倦，那就帶個 BLT 三明治到附近的公園野餐吧！

[食材]

酪梨	1 顆
可頌麵包	2 個
培根	4 片
番茄	1/2 個
萵苣	2 片
鹽	適量
黑胡椒	適量
美乃滋	2 大匙

作法

1. 酪梨削皮、去籽後切片，番茄也切片成相同厚度。培根則用平底鍋以中火煎熟。

2. 可頌對切後，一半抹上 1 大匙的美乃滋。

3. 接著依序放上萵苣、番茄、酪梨、培根，再撒上鹽與黑胡椒調味，最後再放上另一片可頌就完成了。

吐司＆三明治

77

酪梨班尼迪克蛋 〔2 人份〕

Avocado Eggs Benedict

這是一道華麗擺盤的蛋料理，試著在家製作班尼迪克蛋吧！準備一片長棍麵包，放上水波蛋和酪梨，再淋上荷蘭醬，就能品嘗到不輸知名咖啡廳的早午餐了！

[食材]

酪梨.................................1 顆
法式長棍麵包.................. 2 片
雞蛋.................................4 個
醋.....................................1 大匙
培根.................................4 片
加鹽奶油..........................1 大匙
香芹粉.............................適量
食用油.............................適量

[荷蘭醬]

蛋黃.................................2 個
檸檬汁.............................1.5 匙
伍斯特醬..........................適量
黑胡椒.............................適量
奶油.......110 克（放在室溫下融化）
鹽.....................................適量

作法

1. 把荷蘭醬材料中的蛋黃倒入料理盆中，加入檸檬汁、伍斯特醬、黑胡椒之後用打蛋器拌勻。接著把料理盆放入裝著熱水的鍋子裡，一點一點加入在室溫下融化的奶油與鹽，然後慢慢攪拌。荷蘭醬完成之後放在室溫下就好。

> TIP
> 如果在料理做好之前醬就凝固，可以再加點熱水來調整濃度。

2. 將油倒入平底鍋，以中火熱鍋後把培根煎熟。

3. 在湯鍋中倒入半鍋水，用中火煮至沸騰冒泡後便轉小火，然後加醋。用湯匙繞著鍋子的邊緣一邊畫圈，一邊將雞蛋倒入鍋子的中心，然後繼續攪拌 2 ～ 3 分鐘，水波蛋就完成了。

> TIP
> 水波蛋一次做一個就好。

4. 酪梨削皮、去籽後，直切成薄片。

5. 取一片長棍麵包,在其中一面抹上加鹽奶油,接著依序放上培根、酪梨、水波蛋,最後淋上荷蘭醬與香芹粉就完成了。

Avocado

飯 & 麵

RICE & NODDLE

酪梨明太子蓋飯 〔2 人份〕
Avocado Fish Egg Rice Bowl

説到酪梨料理，最先想到的就是酪梨明太子蓋飯了。食譜雖然簡單，但隨著酪梨切片方式的不同，做出來的酪梨泥就會不一樣，是一道非常有魅力的料理。試著把酪梨切成薄片，然後再繞個圈擺成花朵形狀吧！

[食材]

酪梨	1 顆
明太子	2 塊
沙拉生菜	1 把
白飯	2 碗
麻油	適量
黑胡椒	適量
芝麻	適量

作法

1. 酪梨削皮之後對切開來，去籽後切成薄片。

   TIP
   可以把酪梨切片繞圈排成花朵形狀，或是直接切塊。

2. 明太子對半切開，再把外包裝拆掉，將裡面的魚子剝出來。

3. 準備一個盤子盛飯，撒上沙拉生菜後，再放上酪梨和明太子。

4. 最後淋上麻油，再撒上芝麻及少許黑胡椒就完成了。

   TIP
   可根據個人喜好搭配蒜片享用。

酪梨鮮菇蓋飯 〔2 人份〕

Avocado Mushroom Rice Bowl

豆腐、秀珍菇與花椰菜再加上酪梨，就
是健康飲食必備的食材了！推薦給為了
健康而選擇吃素的人。

[食材]

酪梨	1 顆
白飯	2 碗
豆腐	1/2 塊
太白粉	1 大匙
鹽	適量
黑胡椒	適量
花椰菜	1/2 個
秀珍菇	100 克
食用油	適量

[醬汁]

蒜泥	1 大匙
薑末	1 大匙
醬油	3 大匙
辣椒油	1 大匙
麻油	1 大匙
寡糖	3 大匙
萊姆汁	1 大匙

作法

1. 豆腐切塊後，放到廚房紙巾上，在
   室溫下靜置 1 小時，讓豆腐的水吸
   乾後，撒上鹽和黑胡椒調味，再均
   勻裹上太白粉。

2. 準備一個小碗，倒入醬汁食材，並
   調好醬汁。

3. 將花椰菜切成適當的大小;秀珍菇撕碎。

4. 平底鍋倒入食用油,用中火熱好鍋後,豆腐下鍋煎至金黃,
   再倒入 3 大匙步驟 2. 調好的醬汁後拌勻。接著將花椰菜、秀
   珍菇下鍋,並倒入剩下的所有醬汁,再炒一次。

5. 酪梨對切,削皮去籽後切成薄片。

6. 準備一個盤子盛好白飯，把步驟 4. 炒好的配料、步驟 5. 的
   酪梨倒到白飯上，再淋上萊姆汁就完成了。

TIP
也可依照個人喜好加點堅果。

酪梨照燒雞蓋飯 〔2人份〕

Avocado Teriyaki Chicken Rice Bowl

雞肉加點又甜又鹹的醬油，直接拿去烤就能做成簡單的蓋飯，再加點酪梨切片，可為蓋飯增添風味。在沒時間又想吃點特別料理時，不妨試試看這道菜吧！

[食材]	
酪梨	1 顆
白飯	2 碗
去骨雞腿肉	300 克
蔥末	1 大匙
黑胡椒	適量
芝麻	適量
食用油	適量

[醬汁]	
濃醬油	4 大匙
水	3 大匙
料理酒	3 大匙
寡糖	1 大匙
砂糖	0.5 大匙
生薑汁	0.3 大匙
大蔥末	1 大匙

飯 & 麵

作法

1. 去骨雞腿肉上劃幾道刀痕，再撒上胡椒粉醃一下。

2. 酪梨削皮、去籽後切成薄片。

3. 準備一個碗，倒入醬汁食材後，把醬汁調好。

4. 平底鍋用中火熱鍋，然後倒入食用油，雞腿肉下鍋煎至雞皮變脆。

5. 待雞腿肉差不多熟了，剪成方便食用的大小，再倒入步驟 3. 的醬汁，煮至醬汁收到剩下 3 大匙左右。

6

6. 準備一碗白飯，將酪梨及步驟 **5.** 的雞肉放在飯上，再撒上蔥
　 末和芝麻即完成。

酪梨鮮蝦飯 〔2 人份〕

Avocado Shrimp Rice Bowl

使用帶有濃郁蒜香的大蒜奶油醬來炒蝦，再把酪梨切開後放上，就是一道能在客人來訪時，迅速完成的美味宴客料理。

[食材]

酪梨	1/2 顆
白飯	2 碗
蝦子	12 尾
花椰菜	3 小朵
檸檬	1 個
蒜泥	1 大匙
橄欖油	適量
鹽	適量
黑胡椒	適量

[大蒜奶油醬]

無鹽奶油	100 克
蒜泥	2 大匙
鹽	1/3 大匙
胡椒粉	適量
香芹粉	適量
砂糖	1 大匙

作法

1. 將蝦子的頭和內臟去除，再洗乾淨後備用。

> TIP
> 也可直接購買現成的蝦仁，更方便。

2. 酪梨削皮去籽後切成方便食用的大小；檸檬切成薄片；花椰菜也切成方便食用的大小。

3. 準備一個小碗，倒入大蒜奶油醬的食材並調好醬料。

4. 橄欖油倒入平底鍋中，用中火熱好鍋後，倒入大蒜奶油醬和
   蒜泥拌炒，接著放入蝦仁和花椰菜，再加入鹽及黑胡椒調味
   後炒熟。

5. 準備一碗白飯，把步驟 4. 的配料和酪梨鋪在飯上，擠點檸檬汁，最後再放上檸檬片即完成。

TIP
可依照個人喜好淋點醬油，味道更濃郁。

酪梨青醬義大利麵 〔2 人份〕

Avocado Pesto Pasta

這是以酪梨為主食材製成的鮮綠義大利麵，原本就帶有香氣的羅勒青醬再加上酪梨，一道清淡爽口的義大利麵就完成了。

[食材]

酪梨	1 顆
義大利麵	200 克
菠菜	1/4 杯
羅勒葉	1/4 杯
蒜頭	1 個
檸檬汁	1 大匙
鹽	1/4 大匙
橄欖油	1/4 杯
培根丁	4 大匙
小番茄	6 顆
碎羅勒葉	2 大匙

作法

1. 義大利麵用滾水煮 10 分鐘，撈起來後放在濾網上把水瀝乾。

2. 酪梨削皮去籽，和羅勒葉、菠菜、蒜頭、檸檬汁、鹽及橄欖油，一起放入果汁機打碎，做成酪梨青醬。

3. 義大利麵盛盤，加入步驟 2. 的青醬後拌勻。最後撒上培根丁、小番茄、碎羅勒葉就完成了。

酪梨牛肉蕎麥麵 〔2 人份〕

Avocado Beef Soba

日式蕎麥麵是一道吃起來清爽、無負擔的料理。試著搭配甜鹹交錯的牛排和酪梨，做出混搭的日式蕎麥麵吧！

[食材]

酪梨	1 顆
牛排（牛腰肉）	500 克
濃醬油	1 大匙
蜂蜜	0.5 大匙
太白粉	0.5 大匙
蕎麥麵	200 克
蔥花	適量
炒過的芝麻	適量
橄欖油	3 大匙

[沾麵醬]

濃醬油	1/4 杯
蜂蜜	0.5 大匙
檸檬汁	1 大匙
檸檬皮	0.5 大匙
麻油	1 大匙
生薑汁	適量
蒜泥	1/4 大匙

作法

1. 把濃醬油、蜂蜜及太白粉調在一起，等太白粉全部溶解後，均勻地塗抹在牛排的表面。

2. 蕎麥麵用滾水煮熟後，再稍微泡一下冰水，然後用濾網撈起，放在一旁把水瀝乾。

3. 準備一個小碗，倒入沾麵醬的食材，並調好醬料。

> TIP
> 檸檬皮可拿整顆檸檬用刨絲板刨，檸檬汁則可用手直接擠。

4. 酪梨削皮去籽後，切成薄片。

5. 平底鍋用大火熱好，倒入橄欖油，牛排下鍋煎熟。

6. 牛排煎熟後起鍋，在室溫下靜置 10 分鐘左右，然後再切成方便食用的大小。

7. 把蕎麥麵、酪梨和牛排裝在碗中，撒上蔥花和炒過的芝麻，最後再淋上沾麵醬即可。

Avocado

飲品 & 甜點

DRINK & DESSERTS

酪梨優格飲 〔1 人份〕
Avocado Blended

這是一道翻轉大眾認為「酪梨沒辦法做成飲料」的飲品,最近很多咖啡廳都推出酪梨飲品,現在就讓我們一起在家享受帶著香氣的爽口酪梨特調飲吧!

[食材]

酪梨	1 顆
原味優格	300 毫升
蜂蜜	3 大匙
巧克力球	1 個
椰子粉	適量

作法

1. 酪梨削皮去籽,留下果肉就好。

2. 將 100 毫升的原味優格、蜂蜜及酪梨果肉,全部放入果汁機裡打成果泥後備用。

3. 將剩餘的原味優格倒進杯子裡,再倒入步驟 2. 的酪梨果泥,最後放上巧克力球,撒上椰子粉即完成。

EL GALLUCCI & CLAIRE THOMAS
FOREWORD BY LAUREN CONRAD

酪梨草莓思慕昔 〔1 人份〕

Avocado Strawberry Smoothie

使用大家都喜愛的草莓搭配酪梨，做成獨特的思慕昔吧！美麗的綠色結合粉紅色，讓我們的視覺也能享受美景。忙碌的早晨，這就是一道營養滿分的餐點。

[食材]

酪梨	1 顆
草莓	220 克
香蕉	1 根
蜂蜜	4 大匙
檸檬汁	2 大匙
杏仁牛奶	80 毫升
冰塊	1/3 杯

作法

1. 將草莓、1.5 大匙的蜂蜜、1 根香蕉、1 大匙檸檬汁和水倒入果汁機，打成草莓思慕昔。

2. 酪梨削皮去籽後備用。

3. 將酪梨果肉、2.5 大匙蜂蜜、1 大匙檸檬汁、杏仁牛奶及冰塊，放進果汁機打成酪梨思慕昔。

4. 將步驟 1. 的草莓思慕昔先裝進杯中，再用湯匙把步驟 3. 的酪梨思慕昔，一匙一匙慢慢倒進杯中即完成。

TIP
可依個人喜好加薄荷葉或覆盆子、藍莓做裝飾，飲品會更漂亮。

飲品＆甜點

酪梨布朗尼 〔2 人份〕

Avocado Brownie

在能品嘗到濃郁巧克力的布朗尼中加入酪梨，
吃起來會更美味。慵懶的午後，跟喜歡的人一
起喝杯濃縮咖啡、共享一塊酪梨布朗尼蛋糕，
享受悠閒的午茶時光吧！

[食材]

酪梨	1 顆
市售布朗尼材料包	1 份
楓糖漿	1/2 杯
水	30 毫升
糖粉	1/2 杯

作法

1. 酪梨削皮去籽，將取出的果肉和楓糖漿一
   起用果汁機打成果泥。

2. 把市售的布朗尼材料包倒入碗裡，加水後
   攪拌成麵糊。

3. 將步驟 1. 的酪梨果泥和布朗尼麵糊攪拌在
   一起，做出一個厚 1 公分的正方體（也可
   用模具製作），再放入微波爐加熱 4 分鐘。

4. 熱好之後，在布朗尼上撒點糖粉就完成了。

> TIP
> 可依照個人喜好搭配堅果或巧克力糖漿。

酪梨冰淇淋 〔1 人份〕
Avocado Ice Cream

濃郁又滑順的椰奶與酪梨相遇，就成了美味又健康的冰淇淋了，是一道不分男女老少，任何人都會喜歡的最佳甜點。

[食材]

酪梨	3 顆
椰奶	2.5 杯
蜂蜜	1/2 杯

作法

1. 酪梨削皮去籽後切塊。

2. 將椰奶、酪梨、蜂蜜全部倒入果汁機中打成果泥。

3. 將步驟 2. 打好的果泥放入冷凍庫冰 1 小時，拿出來後再用果汁機打一次，並裝進密封容器裡，冷凍一個晚上。

4. 隔天要吃前 20 分鐘取出解凍，再倒入冰淇淋杯中享用即可。

TIP
可依照個人喜好搭配巧克力、堅果、薄荷葉等配料。

一台果汁機，變出 4 種酪梨醬！

將醬料食材全部放進果汁機裡攪打，
就能做出不同的酪梨醬。

Avocado ranch dressing

Avocado mayonnaise

[酪梨田園沙拉醬]

酪梨果肉 1 顆、美乃滋
1/4 杯、酸奶油 1/4 杯、
碎香芹 1/4 杯、蒜泥 1/2
個、牛奶 4 大匙、橄欖油
1 大匙、萊姆汁 1/2 大匙、
鹽適量、黑胡椒適量

[酪梨美乃滋]

酪梨果肉 1 顆、醋 1/2 大
匙、檸檬汁 1/2 大匙、洋
蔥汁 1/4 大匙、大蒜粉
1/4 大匙、鹽適量、黑胡
椒適量、美乃滋 2 大匙

[酪梨青醬]

酪梨果肉 1 顆、羅勒葉 1/4
杯、菠菜 1/4 杯、蒜頭 1
個、檸檬汁 1 大匙、
鹽 1/4 大匙、
橄欖油 1/4
杯

Avocado pesto

Avocado hummus

[酪梨鷹嘴豆泥]

酪梨果肉 1 顆、煮熟的鷹
嘴豆 500 克、蒜頭 1 個、
檸檬汁 1 大匙、鹽適量、
黑胡椒適量

歡迎收看厭世上班族

一本寫給厭世現代人的職場療癒書！
上班族、空服員、護理師……，
工作的苦，只有自己知道！
一天一圖，終結職場負面情緒，
為努力上班的你發聲。

梁治己◎著

書店旅圖

走進世界各書店，
感受故事、理想和職人精神！
韓國資深出版人金彥鎬歷時 20 年記錄，
走訪世界各地，
帶你深入世界 21 間特色書店，
探索書店的生存之道！

金彥鎬◎著

新神

聯合文學小說新人獎、
金車奇幻小說獎得主──
邱常婷最新大作！
在信仰式微的時代，
我們需要另一種「信仰的可能」！
五則故事，以不同的面相
照見人們生活中微小的信仰。

邱常婷◎著

生酮飲食讓孩子變聰明

全台第一本針對學齡兒童、青少年的
生酮飲食書！
從理論基礎出發，
強調生酮飲食的好處與執行法，
並搭配菜單，
讓孩子提升學習力、取得好成績。

白澤卓二、宗田哲男◎著

蘇格蘭威士忌

華人世界第一本全方位視角的
蘇格蘭威士忌專書！
以品飲、風味為主軸，
探索歷史人文、原料製程與產業經營，
如何形塑當今威士忌的風味樣貌。

王鵬◎著

香料共和國

從中世紀至今的香料史和廚房烹飪史！
每一間廚房
幾乎都含有一瓶丁香或幾根肉桂棒，
香料讓身心和味蕾都歡欣鼓舞，
為你勾勒世界版圖！

約翰‧歐康奈◎著

LOHAS‧樂活

低醣酪梨食譜：22道家常菜‧4道甜點‧4款常備醬，
完整收錄30種酪梨新吃法

2019年8月初版　　　　　　　　　　　　　　　　　　　　　定價：新臺幣320元
有著作權‧翻印必究
Printed in Taiwan.

著　　者	洪　抒　佑
譯　　者	陳　品　芳
叢書主編	陳　永　芬
校　　對	陳　佩　伶
美術設計	比比司設計工作室
內文排版	林　婕　瀅
編輯主任	陳　逸　華

出　版　者	聯經出版事業股份有限公司	總　編　輯　胡　金　倫
地　　　址	新北市汐止區大同路一段369號1樓	總　經　理　陳　芝　宇
編輯部地址	新北市汐止區大同路一段369號1樓	社　　長　羅　國　俊
叢書主編電話	(02)86925588轉5306	發　行　人　林　載　爵
台北聯經書房	台北市新生南路三段94號
電　　　話	(02)23620308
台中分公司	台中市北區崇德路一段198號
暨門市電話	(04)22312023
台中電子信箱	e-mail：linking2@ms42.hinet.net
郵政劃撥帳戶第0100559-3號
郵撥電話	(02)23620308
印　刷　者	文聯彩色製版印刷有限公司
總　經　銷	聯合發行股份有限公司
發　行　所	新北市新店區寶橋路235巷6弄6號2樓
電　　　話	(02)29178022

行政院新聞局出版事業登記證局版臺業字第0130號

本書如有缺頁，破損，倒裝請寄回台北聯經書房更換。　　ISBN　978-957-08-5350-6 (平裝)
聯經網址：www.linkingbooks.com.tw
電子信箱：linking@udngroup.com

아보카도 레시피：맛을 아는 당신을 위한 초록 플레이팅
Copyright ⓒ2019 by 홍서우 洪抒佑 Hong Seou
All rights reserved.
Original Korean edition published by BACDOCI Co., Ltd.
Chinese(complex) Translation rights arranged with BACDOCI Co., Ltd.
Chinese(complex) Translation Copyright ⓒ2019 by Linking Publishing Co., Ltd.
Through M.J. Agency, in Taipei.

國家圖書館出版品預行編目資料

低醣酪梨食譜：22道家常菜‧4道甜點‧4款常備醬，完整
收錄30種酪梨新吃法/洪抒佑著．陳品芳譯．初版．新北市．聯經．
2019年8月（民108年）．120面．17×23公分（LOHAS‧樂活）
ISBN　978-957-08-5350-6（平裝）

1.食譜　2.減重

427.1　　　　　　　　　　　　　　　　　　　　　　　　108010645